FORSCHUNGSBERICHTE DES LANDES NORDRHEIN-WESTFALEN

Nr. 2011

Herausgegeben im Auftrage des Ministerpräsidenten Heinz Kühn
von Staatssekretär Professor Dr. h. c. Dr. E. h. Leo Brandt

Obering. Herbert Stein
Dr. rer. nat. Wolfgang Stein
Dipl.-Phys. Siegfried Hobe
Institut für textile Meßtechnik M. Gladbach e. V., Mönchengladbach

Untersuchungen über die Eignung
verschiedener Meßverfahren
zur Ermittlung von Fadenspannungen

Springer Fachmedien Wiesbaden GmbH 1969

ISBN 978-3-663-19934-2   ISBN 978-3-663-20279-0 (eBook)
DOI 10.1007/978-3-663-20279-0

Verlags-Nr. 012011

© 1969 by Springer Fachmedien Wiesbaden
Ursprünglich erschienen bei Westdeutscher Verlag GmbH, Köln und Opladen 1969.

Inhalt

1. Einleitung 5
2. Aufgabenstellung 8
3. Geräte und Versuchseinrichtungen 9
   - 3.1 Fadenspannungsmeßgeräte 9
     - I. Mechanische Handfadenspannungsmesser 9
     - II. Elektronische Meßgeräte 9
   - 3.2 Versuchsanordnungen 10
4. Durchgeführte Untersuchungen und Ergebnisse 11
   - 4.1 Konstante Fadenspannungen 11
   - 4.1.1 Mechanische Meßgeräte 11
   - 4.1.2 Elektronische Meßgeräte 12
   - 4.2 Periodische Fadenspannungsänderungen 14
   - 4.2.1 Mechanische Meßgeräte 14
   - 4.2.2 Elektronische Meßgeräte 15
   - 4.2.3 Einfluß der Trägheit von Registriergeräten 17
5. Zusammenfassung 18
6. Literaturverzeichnis 20

Abbildungsanhang 23

1. Einleitung

Die Bedeutung von Fadenspannungsmessungen in der Textilindustrie zur Kontrolle der Arbeitsweise der Produktionsmaschinen wurde schon relativ früh erkannt. Als erste Methode, die zur Ermittlung von Fadenspannungen diente und die auch heute ihre Bedeutung noch nicht ganz verloren hat, ist wohl das Abtasten des Fadens mit der Hand anzusehen [1]. Allerdings wurde im Laufe der Jahre in zunehmendem Maße erkannt, daß eine solche Methode nur äußerst grobe Abschätzungen der herrschenden Verhältnisse liefert, so daß sich der Einsatz geeigneter Geräte in vielen Fällen nicht umgehen läßt. Dies gilt insbesondere dann, wenn die Fadenzugkraft fortlaufend und über größere Zeiträume aufgezeichnet werden soll, wobei schreibende Meßgeräte einzusetzen sind.

Einen zusammenfassenden Überblick über die Entwicklung der Fadenspannungsmeßgeräte von den einfachen mechanischen bis zu den modernen elektronischen, weglos arbeitenden Prüfapparaturen gibt D. BRUNSCHWEILER und A. C. PARIKH [2]. J. A. MORROW [3] beschreibt eine Apparatur von SHIRLEY, bei der ein Faden zwischen zwei Fadenleitorganen unter Spannung über eine kleine Scheibe geführt wird. Die Scheibe ist drehbar gelagert und spannt bei Auslenkung aus der Nullage eine mit ihr in Verbindung stehende Torsionsfeder. Dieses Gerät verwendet eine Meßmethode, die eine Mischung aus Reibungs- und Spannungsmessung darstellt. Exakte Spannungsuntersuchungen sind hiermit also nicht durchzuführen. A. E. OWEN [4] baute eine Vorrichtung zur Bestimmung der Kettfadenspannung. Der Kettfaden läuft dabei über drei Rollen, wobei die mittlere durch einen Arm mit einer Feder verbunden ist. Die Auslenkung dieser mittleren Rolle bzw. der Feder läßt sich mit einem Lichtstrahl auf Fotopapier registrieren. Ebenfalls zur Kettfadenspannungsmessung dient eine Vorrichtung, die F. STEIN [5] entwickelte. Der Streichbaum ist hierbei durch eine Walze ersetzt, die auf ein Federdynamometer wirkt.

Die Prinzipien, die auch heute noch bei der Konstruktion von Handfadenspannungsmessern des mechanischen Typs zugrunde gelegt sind, lassen sich aus Abb. 1* ersehen. Der zu messende Faden wird über zwei oder drei Rollen geführt, wobei eine dieser Rollen mit einer Feder in Verbindung steht und ausgelenkt werden kann. Die Größe der Auslenkung ist ein Maß für die Höhe der im Faden wirkenden Zugkraft. Läuft ein Faden durch das Meßgerät, so muß er die Reibungskräfte in den Lagern der Umlenkrolle überwinden. Die dazu notwendigen Zugkräfte, die das Meßergebnis natürlich verfälschen, sind um so kleiner, je größer der Rollenradius und je kleiner die Lagerreibung ist. Andererseits treten bei mit unterschiedlicher Geschwindigkeit laufendem Faden Beschleunigungs- bzw. Verzögerungskräfte infolge der wechselnden Umlaufgeschwindigkeit der Rollen auf, die bei hohen Fadengeschwindigkeiten nicht mehr vernachlässigbar sind. Mit Rücksicht darauf wäre demnach eine kleine Rollenmasse und damit ein kleiner Rollendurchmesser von Vorteil. Daraus geht hervor, daß der Rollenradius abhängig von der Fadengeschwindigkeit und -beschleunigung so gewählt sein muß, daß der Gesamtfehler aus beiden Einflüssen kleinstmöglich wird.

Beträgt das Anwachsen der Garnspannung durch Reibung und Massenträgheit bei einer Rolle ΔT, so ist leicht ersichtlich, daß der in das Meßergebnis eingehende Fehler in der Zweirollenanordnung in Abb. 1 nur $\Delta T/2$, bei der Dreirollenanordnung jedoch $3\Delta T/2$ ist. Insofern ist der Zweirollenanordnung, die von E. COTTERILL [6] beschrieben wurde,

---

* Die Abbildungen stehen im Anhang ab Seite 23.

und die beispielsweise in den Fadenspannungsmessern von ZIVY [7] und von HAHN [8] Verwendung findet, der Vorzug zu geben. Geräte des Dreirollentyps wurden von A. SUTER [9] und J. T. MURRAY [10] erwähnt. Neuere Vertreter dieses Systems sind die Handfadenspannungsmesser von SCHMIDT [11] und ZELLWEGER [12]. Eine Weiterentwicklung der einfachen Geräte, bei denen die Verdrehung der Feder direkt angezeigt wird, stellt die Einführung einer Zahnstange dar, welche die Auslenkung der Rolle auf ein Zahnrad überträgt, so daß der Zeigerweg vergrößert wird und eine kreisförmige Skala Verwendung finden kann [13].

Werden statt der Fadenführungsrollen Umlenkstifte eingesetzt, so fällt der Meßfehler infolge der Massenträgheit der Rollen fort. Andererseits können beträchtliche Reibungskräfte wirksam werden, die insbesondere bei wechselnden Reibeigenschaften des Garnmaterials die Messung störend beeinflussen.

Ein wesentlicher Nachteil der mechanischen Meßgeräte ist der relativ große Weg, den das Meßglied unter der Einwirkung der Kraft beschreibt. Kraftänderungen auf Grund entsprechender Dehnungsänderungen werden durch das Nachgeben des Meßgliedes zwangsläufig verfälscht. Ein weiterer Nachteil liegt in der Trägheit der Meßsysteme, die es verhindert, Spannungsschwankungen oberhalb von 0,5 bis 1 Hz fehlerfrei aufzunehmen. Darüberliegende Frequenzen erscheinen in der Amplitude verkleinert. Bei langsameren Schwankungen, insbesondere bei solchen mit großer Amplitude, besteht die Gefahr, daß infolge eines Überschwingens der Übertragungselemente zu große Werte angezeigt werden. Ein Gerät von ZELLWEGER [12] ist mit einer Luftdämpfung ausgestattet. Die Verwendung einer Öldämpfung, wie sie von A. HOLDEN und A. R. JOHANNSEN [14] vorgeschlagen wird, stößt natürlich bei Handfadenspannungsmessern auf gewisse Schwierigkeiten.

Einen weiteren Schritt bei der Entwicklung von Fadenspannungsmeßgeräten stellen Vorrichtungen dar, die eine Aufzeichnung der Meßwerte gestatten. Dies kann in einfacher Weise geschehen, wenn eins der oben erläuterten Systeme mit einer leichten Tintenfeder verbunden wird [15]. Auch wurden Apparaturen bekannt, welche wie die oben erwähnte von A. E. OWEN die Auslenkung des Meßelementes mittels eines Lichtstrahls über einen Spiegel auf Fotopapier registrieren.

Bei den elektrischen Fadenspannungsmeßgeräten wird die Fadenspannung durch einen Geber in ein proportionales elektrisches Signal umgeformt (Abb. 2). Je nachdem, ob der Geber von einer äußeren Spannungsquelle gespeist wird, oder ob er unter dem Einfluß der wirkenden Kraft selbst eine Spannung erzeugt, läßt sich eine Unterscheidung in passive und aktive Geber treffen [16]. Die Ausgangsspannung des Gebers wird mit einem Meßverstärker vergrößert und auf einem Anzeige- oder Schreibgerät wiedergegeben. Die Vorteile elektrischer Meßsysteme liegen in der trägheitslosen Aufnahme der Fadenspannungen und in der geringen Auslenkung des Meßelementes.

Eines der ersten elektrisch arbeitenden Geräte, bei dem das Meßglied eine Flüssigkeitssäule zusammendrückt und damit deren elektrischen Widerstand verändert, stammt von W. REINERS [17]. Die maximale Auslenkung beträgt nur 0,01 mm. Zur Registrierung dient ein Bolometer mit Tintenschreiber oder ein Schleifenoszillograph.

Das nach Angaben von F. OERTEL [18] gebaute Gerät verwendet eine Fühlrolle, die durch eine Feder gegen das zu prüfende Garn angedrückt wird. Das Meßsystem besteht aus einem schwingenden Magneten, der einen Luftstrom erzeugt, einem nach dem Bolometerprinzip arbeitenden Wärmemesser, sowie einer Metallfahne, die mit der Fühlrolle verbunden ist und den Luftstrom mehr oder weniger abdeckt.

Die heute üblichen elektrischen Fadenspannungsmesser benutzen induktive oder kapazitive Geber, Geber mit Widerstandsmeßstreifen oder mit Piezokristallen. Zu der ersten Gruppe gehört das unter dem Namen »Stein'scher Meßkopf« bekannt gewordene Verfahren nach H. STEIN [19, 20], das sowohl als spezielles Fadenspannungsmeßgerät wie auch zur Kraftmessung in einer Reihe von Zugprüfgeräten inzwischen eine Weiterverwendung gefunden hat. Als Meßelement dient hier ein einseitig eingespannter Biegestab, an dessen freiem Ende die zu messende Kraft wirkt. Die Durchbiegung des Stabes wird induktiv über zwei in Brücke geschaltete Magnetspulen in ein elektrisches Signal umgeformt. Das Signal, das nach weiterer Verstärkung in einem Meßverstärker auf einem elektrischen Tintenschreiber zur Anzeige kommt, entspricht primär also einem Weg. Wegen der aus dem Hooke'schen Gesetz folgenden Proportionalität zwischen Kraft und Verformung bei Metallen läßt sich aus der Durchbiegung des Biegestabes die Kraft bestimmen.

Ein- oder zweiseitig eingespannte Biegestäbe werden auch bei den meisten kapazitiv arbeitenden Systemen als Meßelemente verwendet. Zur ersten Gruppe gehören beispielsweise das von J. CREMER [21] und O. DE RIZ [22] beschriebene Tensotron oder das Gerät von ROTHSCHILD [23]. Der in Arbeiten von H. STEIN [24] und O. BECKER [25] eingesetzte Elkataster besitzt ein zweiseitig gelagertes Biegeröhrchen, das eine relativ hohe Eigenfrequenz aufweist. Zu den kapazitiven Meßwertgebern zählt auch die von K. J. BUTLER und W. J. MORRIS [26] erwähnte Apparatur.

Kraftmeßverfahren auf der Basis von Widerstandsmeßstreifen wurden von verschiedenen Autoren beschrieben [27-29]. Im allgemeinen werden die Dehnungsmeßstreifen auf Meßelemente wie Biegestäbe oder auf Zug beanspruchte Drähte aufgeklebt und erfahren dann dieselbe Verformung wie das Meßelement selbst. Die Größe der Verformung läßt sich elektrisch aus der Änderung des Widerstandes im Meßstreifen bestimmen. Bei der von G. BRÖCKEL [30] verwendeten Versuchseinrichtung zur Messung der Zugkraft in Kettfäden wird ein Widerstandsmeßdraht direkt in einen der Kettfäden eingeknotet. Auf diese Weise läßt sich eine störende Beeinflussung des Fadenlaufes, wie sie bei der Messung mit einem normalen Meßkopf und Führung des Fadens über Umlenkrollen gegeben ist, vermeiden.

Bei den piezoelektrischen Kraftmeßgeräten werden meistens Quarz- oder Seignettesalzkristalle als Meßelemente verwendet. Neben der höheren mechanischen Festigkeit bietet der Quarz den Vorteil der größten Zeitkonstante, d. h. das Ausgangssignal klingt verhältnismäßig langsam ab [31]. Nach der obigen Definition zählt der piezoelektrische Kraftmesser im Gegensatz zu den im Vorigen beschriebenen Meßsystemen zu den aktiven Gebern.

Die Anwendungsbereiche von Fadenspannungsmeßgeräten auf textilem Sektor sind äußerst vielseitig. Erste »klassische« Untersuchungen am Webstuhl wurden — natürlich noch mit einfachen mechanischen Apparaturen — zur Ermittlung der Kettfadenspannung vorgenommen. Hier sind u. a. die oben angeführten Arbeiten von A. E. OWEN [4] und F. STEIN [5] zu nennen. Erste systematisch durchgeführte Messungen der Kettfadenspannung beim Weben stammen von KELLER [32]. Weitere Untersuchungen über Kettfadenspannungen wurden von W. FRENZEL und S. MIERSCH [33], W. FRENZEL und H. MARTIN [34], G. BRÖCKEL [30, 35], P. A. KOLESNIKOW [36], D. C. SNOWDON [37], W. ROHS et al. [38, 39], H. GRIESE [40] und K. KREENWOOD [41] durchgeführt.

Fast ebenso häufig wie über Kettfadenspannungsmessungen wird in der Literatur über Untersuchungen der Schußfadenspannung berichtet. Im wesentlichen lassen sich alle diese Arbeiten in zwei Gruppen unterteilen. Interessieren nur die Ablaufeigenschaften des Schußfadens von der Spule im Schützen, so genügt es, den Faden aus dem Schützen mit konstanter Geschwindigkeit abzuziehen und dabei die Fadenspannung zu messen [20, 42-45]. Wesentlich schwieriger gestaltet sich die Ermittlung der Schußfadenspannung direkt im Webstuhl [46, 47]. Eine theoretische Betrachtung der Abhängigkeit der Schußspannung von der Art der Schußspule und anderen Größen wurde von E. ULLRICH [48] angestellt.

Fadenspannungsmessungen an einer Ringspinnmaschine sind bereits aus dem Jahre 1909 bekannt [49]. Der Zugkraftverlauf im Faden bei einer Ringspinn- oder Ringzwirnmaschine besitzt einen typischen periodischen Verlauf in Übereinstimmung mit der Bewegung der Ringbank [50–52]. H. STEIN [24, 53] und O. BECKER [25] zeigen, daß sich mit geeigneten Meßgeräten Spannungsspitzen aufzeichnen lassen, deren Höhe die der mittleren Fadenspannungen zum Teil beträchtlich überschreitet, und die Anlaß für starke Überdehnungen im Garn sein können.

Die Abhängigkeit der Fadenspannungen, die an Spulmaschinen auftreten, von der Windungsart der vorgelegten Spule und anderen Parametern wurde von F. WALZ und W. KAMM [54], R. BARTHEL und H. HOFMANN [16] und H. STEIN et al. [55] untersucht.

Zu hohe Kettfadenspannungen an der Schlichtmaschine sind nach H. STEIN und G. HOISCHEN [56] vor allem dann gefährlich, wenn die Zettelbäume vom Färben oder Bleichen her einen zu hohen Feuchtigkeitsgehalt besitzen, oder wenn die Abzugsspannung sich von den Bäumen her bis in das Schlichtebad fortsetzen kann, da in diesem Fall mit einer starken Veränderung der Kraft-Dehnungs-Eigenschaften der Garne zu rechnen ist.

Fadenspannungsmessungen geben weiterhin die Möglichkeit, die Wirkungsweise von Fadenbremsen zu kontrollieren, wenn die Messung vor und hinter der Bremse vorgenommen wird [21, 55, 57–59]. Hochfrequente Fadenspannungsschwankungen treten an Industrienähmaschinen auf [29, 60–62]. Nach C. E. FISCHER VON MOLLARD [63] können bei Nähmaschinen durch die hohen Fadenbeschleunigungen allein durch die Massenträgheit des Fadens bei einem Garn von Nm 50 Zugkräfte in der Größenordnung von 65 p entstehen. Messungen derartig schneller Fadenspannungsänderungen erfordern Geber sehr hoher Eigenfrequenz, da bei solchen mit kleiner Eigenfrequenz das Meßergebnis beträchtlich verfälscht werden kann [64].

2. Aufgabenstellung

Mit den hier durchgeführten Untersuchungen sollte vergleichend festgestellt werden, wie sich unterschiedliche Versuchsbedingungen bei der Fadenspannungsmessung auf die Arbeitsweise der Fadenspannungsmeßgeräte und damit auf die Meßergebnisse auswirken. Dabei fanden einfache mechanische Handfadenspannungsmesser und elektronische Geräte Verwendung.

Um definierte Fadenspannungen zu erhalten, wurden zwei Versuchsanordnungen aufgebaut.

Der einfachste Fall der konstanten Fadenspannung ließ sich dadurch nachahmen, daß ein an einem Ende gewichtsbelasteter Faden mit konstanter Geschwindigkeit durch die Meßeinrichtung gezogen wurde.

Für die Erzeugung von periodischen Fadenspannungsänderungen stand eine Vorrichtung zur Verfügung, in der ein Faden mit Frequenzen zwischen 5 und 20 Hz zyklisch belastet werden kann. Mit Fadenspannungsmessungen an dieser Vorrichtung war die

Absicht verbunden, die Eignung von verschiedenen Prüfgeräten unter Bedingungen, wie sie etwa am Webstuhl in der Kette vorliegen, zu untersuchen.

Bei all diesen Versuchen sollte nachgewiesen werden, daß Fehler durch den Einfluß der Reibung an den Umlenkorganen der Meßeinrichtungen entstehen können. Mit den Messungen von Fadenspannungsänderungen höherer Frequenzen war weiterhin festzustellen, wieweit die Ergebnisse mechanischer Geräte von denen der elektronischen Apparaturen abweichen.

Wird eine rasch pulsierende Fadenspannung mit einer trägen Meßeinrichtung gemessen bzw. durch eine träge Registriereinrichtung aufgezeichnet, so kommt es zu einer Mittelwertbildung, und die für die Fadenbeanspruchung wichtigen Kraftspitzen sind im Diagramm nicht sichtbar. Die im letzten Teil dieser Arbeit wiedergegebenen Untersuchungen befassen sich mit diesem Problem, wobei insbesondere die Aufgabe bestand, den Einfluß der Form des Fadenspannungsverlaufes auf die Höhe der registrierten Mittelkraft zu bestimmen.

3. Geräte und Versuchseinrichtungen

3.1 Fadenspannungsmeßgeräte

Folgende Meßgeräte wurden in den Untersuchungen eingesetzt:

I. Mechanische Handfadenspannungsmesser

a) Zivy Fadenspannungsmesser Type TEN 12 K (2–12 p), TEN 30 K (3–30 p) und TEN 120 K (5–120 p).
b) Schmidt Fadenspannungsmesser Type DXX 5 (5–50 p) und DXX 12 (10–120 p).
c) Zellweger Fadenspannungsmesser Normalmodell a (0–100 p und 0–200 p) und Modell b mit Dämpfung (0–150 p und 0–300 p). Die jeweils zwei Meßbereiche in einem Gerät lassen sich durch eine Veränderung der Umlenkrollenposition einstellen. Das Modell b (mit Dämpfung) ist so aufgebaut, daß die Anzeige einem Anstieg der Kraft mit geringer Trägheit folgt, bei einem plötzlichen Kraftrückgang jedoch verzögert abfällt.

Die Geräte von ZIVY arbeiten nach dem Zweirollenprinzip, während die Handfadenspannungsmesser von SCHMIDT und ZELLWEGER eine Dreirollenanordnung besitzen.

II. Elektronische Meßgeräte

a) Elmagraph der Fa. Textechno
Der Meßkopf kann mit Umlenkstiften oder -rollen ausgerüstet werden. Bei der Verwendung von Umlenkstiften ist es möglich, einen großen oder einen kleinen Umschlingungswinkel an dem auf das Meßglied aufgesetzten Stift einzustellen. Das Gerät arbeitet nach dem induktiven Meßprinzip.

b) Meßkopf der Fa. Brosa

Der Meßkopf wird ebenfalls wahlweise mit Umlenkstiften bzw. -rollen ausgerüstet. Auf das Meßelement ist eine Umlenköse aufgesetzt, an welcher der Faden wie an einem Umlenkstift eine Reibung erfährt. Die Öse läßt sich nicht gegen eine Rolle eintauschen. Der Brosa-Meßkopf arbeitet mit Dehnungsmeßstreifen. Er wurde in Verbindung mit einer Meßbrücke der Fa. Philips eingesetzt.

c) Tensotron der Fa. Honigmann

Auch hier können Umlenkstifte oder -rollen verwendet werden, jedoch gilt – bei den eingesetzten Meßköpfen – wie bei b, daß der Umlenkkörper am Meßelement nicht gegen eine Rolle auszutauschen ist.

d) Textronograph Bauart Haase-Deyerling

Der als Hochfrequenzgleichförmigkeitsprüfer bekannte Textronograph eignet sich in Verbindung mit einem kapazitiv arbeitenden Meßkopf auch zu Fadenzugkraftmessungen. Als Meßelement dient hier ein zweiseitig eingespannter Biegestab. Der Fadenumlenkwinkel ist durch getrennt angebrachte Umlenkrollen bestimmt.

e) Meßeinrichtung der Fa. Kistler

Dieses Gerät besitzt einen Piezokristall als Geber. Da am Meßkopf keine Umlenkkörper vorgesehen sind, wurden Umlenkstifte angebaut.

Während die Handfadenspannungsmesser eine Skala besitzen, welche die Fadenzugkraft direkt in p anzeigt, müssen die elektronischen Geräte vor der Messung abgeglichen und geeicht werden.

In der Praxis ist es üblich, zur Eichung einen gewichtsbelasteten Faden, wie in Abb. 3a gezeigt wird, in den Meßkopf einzuhängen. Bei dieser Methode wird jedoch nicht berücksichtigt, daß ein Teil des Gewichtes bereits durch die Reibung an den Umlenkorganen aufgenommen wird. Richtig ist die Eichung nach Abb. 3b. Ein mit dem Gewicht P belasteter Faden wird in der Richtung, in der er auch bei der eigentlichen Messung läuft, mit konstanter Geschwindigkeit durch den Meßkopf hindurchgezogen. Die mittlere Anzeige am Schreibgerät entspricht dann der Kraft P im zulaufenden Faden. Für die vorliegenden Untersuchungen erwies sich ein anderes Verfahren als zweckmäßig (Abb. 3c). In Verformungsrichtung des Meßelementes wird das Gewicht P an den Meßkopf angehängt und der Ausschlag am Registriergerät festgestellt. Der Faden verläuft in der mit Abb. 3b wiedergegebenen Weise durch den Meßkopf. Dann errechnet sich – unter der Voraussetzung völliger Reibungsfreiheit an den Umlenkstellen – die wirkliche Fadenzugkraft Z:

$$Z = \frac{P}{2 \cdot \cos \alpha}$$

3.2 Versuchsanordnungen

Abb. 4 zeigt das Prinzipbild einer Vorrichtung, mit welcher der Einfluß der Reibung an den Umlenkpunkten des Meßgerätes bei der Fadenspannungsmessung gezeigt werden soll. Die Abzugsklemme eines Zugprüfgerätes vom Typ Statigraph bewegt sich zwischen einer oberen und einer unteren Grenze mit konstanter Geschwindigkeit (60 cm/min) auf und ab. Dabei zieht sie einen angehängten, mit dem Gewicht P belasteten Testfaden durch den Meßkopf einer Kraftmeßeinrichtung bzw. durch eine Handmeßuhr. Infolge der Reibung tritt bei der Aufwärtsbewegung eine Zugkraft $P' > P$ und bei der Abwärtsbewegung eine Kraft $P'' < P$ auf.

Wechselbelastungen an einem Faden mit Frequenzen von 5, 10 und 20 Hz, Hubhöhen von 3, 6 und 9 mm und Vorbelastungen zwischen 20 und 100 p wurden mit dem in

Abb. 5 gezeigten Versuchsaufbau (Pulsograph) [65] durchgeführt. Der Testfaden ist hier zwischen zwei Klemmen eingespannt. Während die obere Klemme über ein Pleuelgestänge angetrieben eine periodische Hin- und Herbewegung ausführt, ist die untere mit einem Waagebalken sehr großer Masse verbunden und bleibt praktisch in Ruhe. Die Vorlast P wird durch ein an die untere Klemme angehängtes Gewicht erzeugt. Der Meßkopf bzw. die Handmeßuhr ist zwischen den Klemmen in den Fadenlauf eingeordnet (Abb. 5a).

Wahlweise kann die untere Klemme auch an einem Meßkopf angebaut werden, der wiederum an dem Waagebalken befestigt ist (Abb. 5b).

Weg s, Geschwindigkeit v und Beschleunigung b der Hubklemme bei dem Kurbeltrieb (Abb. 6) werden beschrieben durch:

$$s = r(1 - \cos\omega t) \pm \frac{\lambda}{2} r \sin^2 \omega t, \qquad \lambda = \frac{r}{l}$$

$$\approx r\left(1 + \frac{\lambda}{4} - \cos\omega t - \frac{\lambda}{4} \cos 2\omega t\right)$$

$$v = \frac{ds}{dt} \approx r\left(\omega \sin\omega t + \frac{\lambda}{2} \omega \sin 2\omega t\right)$$

$$b = \frac{d^2s}{dt^2} \approx r\omega^2 (\cos\omega t \pm \lambda \cos 2\omega t)$$

Die Beschleunigung der Hubklemme und damit des Fadens direkt unterhalb der Hubklemme am oberen bzw. unteren Totpunkt beträgt:

$$b_{o.T.} \approx r\omega^2 (1 + \lambda)$$

$$b_{u.T.} \approx r\omega^2 (1 - \lambda)$$

Als Testfaden wurde in beiden Versuchsanordnungen ein multifiles Endlosmaterial (Polyester 150 dtex f 50 weiß) verwendet.

4. Durchgeführte Untersuchungen und Ergebnisse

4.1 Konstante Fadenspannungen

4.1.1 Mechanische Meßgeräte

Die Handmeßuhren wurden an der in 3.2 beschriebenen Vorrichtung, in der sich ein Faden unter einer konstanten Vorlast langsam auf- und abbewegt, überprüft. Dabei ergaben sich in den meisten Fällen mehr oder weniger große Abweichungen der Anzeige von dem Sollwert, nämlich dem angehängten Gewicht. Auch wurden Unterschiede in der Anzeige bei den verschiedenen Fadenlaufrichtungen beobachtet. Die auf den Sollwert bezogenen relativen Abweichungen sind für die einzelnen Geräte in den Abb. 7–9 über den an den Testfäden angehängten Gewichten aufgetragen. Eine positive Abweichung bedeutet dabei eine zu hohe, eine negative eine zu geringe Anzeige.

Der größte Fehler trat beim Zivy-Fadenspannungsmesser mit dem empfindlichsten Meßbereich (0–12 p) auf, während in den Bereichen 0–30 p und 0–120 p die Abweichungen verhältnismäßig klein bleiben. Die Differenzen zwischen der Auf- und Abwärtsbewegung des Fadens liegen bei maximal 5%. Sie sind auf eine nicht völlig reibungsfreie Lagerung der Umlenkrollen zurückzuführen.

Keine derartige Lagerprobleme wurden beim Schmidt-Fadenspannungsmesser festgestellt. Allerdings zeigten sich auch hier Fehler: Alle gemessenen Werte waren gegenüber dem Sollwert zu klein.

Eine mittlere Position nimmt der Zellweger Fadenspannungsmesser ein, bei dem sowohl Abweichungen vom Sollwert als auch Unterschiede zwischen der Auf- und Abbewegung festzustellen sind. Die Fehler halten sich aber in engen Grenzen.

Gerade bei den Handfadenspannungsmessern muß betont werden, daß die Ergebnisse dieser Messungen natürlich nur für das jeweils verwendete Gerät gelten und nicht unbedingt typisch für das Fabrikat sind.

4.1.2 Elektronische Meßgeräte

Ebenso wie die Handfadenspannungsmesser wurden auch die verschiedenen elektronischen Meßgeräte überprüft. Als Registriergerät fand ein Kompensationstintenschreiber Verwendung. Die Ergebnisse sind in den Abb. 10 und 12 wiedergegeben.

Die Auswirkungen der verschiedenen Umlenkorgane (Rollen oder Stifte) und ihrer Positionen wurden am Meßkopf des Elmagraph untersucht (Abb. 10). Die kleinsten Unterschiede zwischen den relativen Abweichungen bei Auf- und Abwärtsbewegung ergeben sich hier im Betrieb mit Umlenkrollen. Wird die in der Versuchsanordnung obere Umlenkrolle – beispielsweise durch eine Verschmutzung des Lagers – blockiert, so zeigt sich kein Einfluß, da die Reibkräfte am oberen Umlenkpunkt nicht in die Messungen eingehen. Eine große Auswirkung hat dagegen das Festsetzen der unteren Umlenkrolle. Noch schwerwiegender ist die Blockierung von allen drei Rollen. Beim Betrieb mit Umlenkstiften in verschiedenen Positionen erweist sich der größere Umschlingungswinkel wegen der höheren Reibkraft als ungünstiger.

Bei allen Versuchen zeigte sich, daß die Abweichung nach oben gegenüber dem Sollwert immer größer als die Abweichung nach unten ist. Dieser Effekt läßt sich unter Berücksichtigung der Reibungsgesetze leicht erklären:

Aus der Betrachtung der Fadenführung am Meßkopf (Abb. 11) ergibt sich für eine Aufwärtsbewegung des Fadens

$$P_1 = P$$

und nach der Seilreibungsformel:

$$P_2 = P\,e^{\mu \alpha_1}$$

$$P_3 = P_2 e^{\mu \alpha_2} = P\,e^{\mu(\alpha_1 + \alpha_2)}$$

mit μ = Reibungskoeffizient zwischen Faden und Umlenkstift.

Die Komponenten von P_2 und P_3 in Richtung der Resultierenden R_{auf} sind:

$$R'_{\text{auf}} = P_2 \sin \frac{\alpha_2}{2}$$

$$R''_{\text{auf}} = P_3 \sin \frac{\alpha_2}{2}$$

Damit ist
$$R_{auf} = R'_{auf} + R''_{auf} = P(e^{\mu\alpha_1} + e^{\mu(\alpha_1+\alpha_2)}) \sin\frac{\alpha_2}{2}$$

Bei völlig reibungsfreier Umlenkung wäre die Resultierende
$$R = 2P \sin\frac{\alpha_2}{2}$$

Für eine Abwärtsbewegung des Fadens ergibt sich entsprechend:
$$P_1 = P$$
$$P_2 = P\, e^{-\mu\alpha_1}$$
$$P_3 = P\, e^{-\mu(\alpha_1+\alpha_2)}$$

und
$$R_{ab} = P_1(e^{-\mu\alpha_1} + e^{-\mu(\alpha_1+\alpha_2)}) \sin\frac{\alpha_2}{2}$$

Es ist nun der Nachweis zu erbringen, daß
$$R_{auf} - R > R - R_{ab}$$

ist:

$$P(e^{\mu\alpha_1} + e^{\mu(\alpha_1+\alpha_2)}) \sin\frac{\alpha_2}{2} - 2P \sin\frac{\alpha_2}{2}$$
$$> 2P \sin\frac{\alpha_2}{2} - P(e^{-\mu\alpha_1} + e^{-\mu(\alpha_1+\alpha_2)}) \sin\frac{\alpha_2}{2}$$

$$e^{\mu\alpha_1} + e^{\mu(\alpha_1+\alpha_2)} - 2 > 2 - e^{-\mu\alpha_1} - e^{-\mu(\alpha_1+\alpha_2)}$$

$$e^a + e^{-a} + e^b + e^{-b} - 4 > 0 \qquad \text{mit } a = \mu\alpha_1$$
$$b = \mu(\alpha_1 + \alpha_2)$$

$$1 + a + \frac{a^2}{2} + \frac{a^3}{3!} + \cdots$$
$$+ 1 - a + \frac{a^2}{2} - \frac{a^3}{3!} + \cdots$$
$$+ 1 + b + \frac{b^2}{2} + \frac{b^3}{3!} + \cdots$$
$$+ 1 - b + \frac{b^2}{2} - \frac{b^3}{3!} + \cdots - 4 > 0$$

$$4 + a^2 + \frac{a^4}{12} + \cdots b^2 + \frac{b^4}{12} + \cdots - 4 > 0 \qquad \text{q.e.d.}$$

Aus diesem Ergebnis ist zu folgern, daß durch das Auftreten von Reibkräften die Messung einer periodischen Zugkraftschwankung hoher Frequenz bei wechselnder Fadenzugrichtung mit einem trägen Meß- oder Registriergerät einen Mittelwert ergibt, der immer über dem wirklichen Mittelwert der Kraft liegt.

Verschiedene Meßgeräte sind in Abb. 12 verglichen. Zur besseren Übersicht wurde die jeweils höchste Anzeige bei einem angehängten Gewicht von 100 p und Aufwärtsbewegung des Testfadens gleich 1 gesetzt. Alle anderen Werte liegen daher unter 1.

Wie sich schon in der Abb. 10 zeigte, treten beim Elmagraph große Unterschiede zwischen der Auf- und Abwärtsbewegung des Fadens auf, wenn der Meßkopf mit Umlenkstiften ausgerüstet ist. Beim Betrieb mit Umlenkrollen verschwinden diese Differenzen weitgehend.

Die Geräte von BROSA und HONIGMANN zeigen auch im Betrieb mit Umlenkrollen große Unterschiede zwischen den Kurven. Das auf das Meßelement aufgesetzte Umlenkorgan ist hier in beiden Fällen ein Stift, so daß sich Reibungseinflüsse nicht vermeiden lassen.

Bei dem Textronograph sind die Reibungseinflüsse wegen der glatten Oberfläche des Biegeröhrchens und der geringen Fadenumschlingung so gering, daß sich keine bemerkenswerten Differenzen ergeben.

4.2 Periodische Fadenspannungsänderungen

Bei den im vorigen Kapitel beschriebenen Versuchen war die geringfügig unterschiedliche Beanspruchung, die der Testfaden durch die verschieden hohen Kräfte bei der Auf- und Abwärtsbewegung erfuhr, für das Meßergebnis ohne Bedeutung. Andere Verhältnisse liegen dagegen bei den Untersuchungen am »Pulsograph« vor. Der eingespannte und mit einer konstanten Kraft vorbelastete Faden wird periodisch um einen gleichbleibenden Wert gedehnt und wieder entlastet. Abb. 13 zeigt die mittlere Kraft-Längenänderungs-Kurve des verwendeten Materials. Da die höchsten Vorlasten für die Handfadenspannungsmesser bei 200 p, für die elektrischen Geräte sogar bei nur 100 p lagen, und der größte eingestellte Hub am Pulsograph (9 mm) einer Dehnung von etwa $\pm 1\%$ entspricht, wird der Testfaden nur im »quasielastischen« Anfangsbereich der KL-Kurve beansprucht.

Die Zugkraft in einem Faden bei zyklischer Belastung mit konstanter Dehnung und ebenfalls konstanter unterer Kraftgrenze ist durch das Diagramm in Abb. 14 dargestellt. Mit zunehmender Zahl der Zyklen steigt die Steilheit des Kraftanstieges bzw. -abfalls, d. h. die einer vorgegebenen Dehnungsamplitude entsprechende Kraftamplitude wächst. Das gleiche gilt bei einer Wechseldehnung um einen konstanten Kraftwert mit gleichbleibender Dehnungsamplitude, wie sie am Pulsograph vorliegt. Darüber hinaus ist bei diesem Gerät eine erhöhte Steigung der Kurven zu erwarten, die aus der gegenüber dem statischen Zugversuch großen Dehnungsgeschwindigkeit resultiert.

4.2.1 Mechanische Meßgeräte

Bei der Überprüfung der Handfadenspannungsmeßgeräte zeigte sich, daß selbst bei einer Frequenz von 20 Hz der obere und untere Grenzwert der Anzeige bei Auf- und Abwärtsbewegung der Hubklemme mit einiger Genauigkeit abzulesen war. In den folgenden Abb. 15–17 sind diese bei 20 Hz gemessenen Werte (Hub 3 mm) für die verschiedenen Geräte bzw. Kraftbereiche über der Höhe des angehängten Gewichtes aufgetragen. Weiterhin ist die Abhängigkeit der Anzeige von der Frequenz für jeweils eine mittlere Belastungskraft in der Tab. 1 angegeben. Wie bereits in den Versuchen am Statigraph ist bei den verschiedenen Zivy-Geräten der relative Fehler der Meßuhr 0–12 p am größten: Die Anzeige erscheint zu höheren Werten verschoben. Demgegenüber bleiben die Anzeigen der Schmidt-Handfadenspannungsmesser geringfügig unter den Sollwerten. Bei den Zellweger Meßuhren fällt auf, daß von dem gedämpften, für die Messung von Kraftspitzen ausgelegten Gerät höhere Kraftwerte und größere Schwankungsbreiten

Tab. 1 Abhängigkeit der Anzeige von der Belastungsfrequenz
(Handfadenspannungsmeßgeräte)

Gerät		Mittlere Belastung (p)	Kraftamplitude in p bei		
			5 Hz	10 Hz	20 Hz
ZIVY		0– 12 p	6	7,0– 7,8	7,0– 7,2	6,9– 7,1
		0– 30 p	15	14,0– 17,2	15,3– 15,4	15,0– 15,2
		0–120 p	60	51,0– 61,0	52,0– 62,0	52,0– 61,0
SCHMIDT		0– 50 p	30	24,5– 29,0	27,8– 29,5	27,8– 29,5
		0–120 p	60	51,0– 63,0	55,0– 57,0	56,5– 59,5
ZELLWEGER		0–100 p	60	57,0– 59,0	57,5– 58,5	57,0– 58,0
		0–200 p	120	112,0–118,0	114,0–116,0	116,0–118,0
		0–150 p	60	60,0– 75,0	65,0– 80,0	58,0– 78,0
		0–300 p	180	170,0–230,0	180,0–240,0	190,0–230,0

angezeigt werden als von dem ungedämpften Modell. Auch konnten im ersteren Fall nur kleinere Belastungsgewichte angehängt werden, ohne daß der Ausschlag bis an die obere Endlage reichte.

Allen Geräten ist gemeinsam, daß die gemessenen Kraftamplituden gegenüber den theoretisch zu erwartenden und in den im folgenden Kapitel beschriebenen Untersuchungen mit elektronischen Meßeinrichtungen experimentell bestimmten Werten z. T. verschwindend klein sind. Es bestätigt sich hier, daß die mechanische Trägheit der Meßsysteme in Handfadenspannungsmessern zu groß ist, um schnellen Kraftschwankungen folgen zu können. Kraftspitzen, die in vielen textilen Verarbeitungsmaschinen der mittleren Fadenzugkraft überlagert auftreten, und die für die Beanspruchung eines Fadens von großer Bedeutung sind, können daher nicht ermittelt werden.

4.2.2 Elektronische Meßgeräte

Alle elektronischen Meßgeräte wurden in Verbindung mit einem technischen Schnellschreiber vom Typ Helcoscriptor eingesetzt, mit dem sich Kraftschwankungen der am Pulsograph einstellbaren Frequenzen fehlerfrei aufzeichnen lassen.

Die Ergebnisse verschiedener Versuche mit dem Elmagraph (20 Hz, 3 mm Hub) sind in Abb. 18 wiedergegeben. Der mit Umlenkrollen bzw. Umlenkstiften ausgerüstete Meßkopf wurde bei diesen Messungen in der Mitte zwischen Ober- und Unterklemme angeordnet. Zum Vergleich sind ebenfalls die Messungen mit am Waagebalken angebauten Meßkopf wiedergegeben.

Die Meßwerte der einzelnen Versuchsreihen zeigen gewisse Unterschiede, jedoch dürfte es schwierig sein, diese Abweichungen eindeutig Reibungseinflüssen bzw. Einflüssen der Trägheitsmomente der Umlenkröllchen zuzuordnen.

Deutlichere Unterschiede ergeben sich bei verschiedenen Anordnungen des Meßkopfes (mit Umlenkstiften) am Pulsograph (Abb. 19a). In einer Stellung dicht unterhalb der Hubklemme (Pos. O) sind die gemessenen Kraftamplituden größer, dicht oberhalb der Unterklemme (Pos. U) aber erheblich kleiner als bei der Anordnung des Meßkopfes am Waagebalken (Abb. 20). Über die Abhängigkeit der Meßwerte bei einer mittleren Belastung (60 p) von der Frequenz gibt die Tab. 2 Auskunft. Die Unterschiede zwischen

Tab. 2 Abhängigkeit der Anzeige von der Belastungsfrequenz
(elektronische Meßgeräte)

Anordnung des Meßkopfes	Mittlere Belastung (p)	Kraftamplitude in p bei		
		5 Hz	10 Hz	20 Hz
am Waagebalken	60	10,2–103,0	10,0–100,0	12,1–102,2
Mitte (Umlenkrollen)	60	30,0– 93,3	32,0– 91,5	33,0– 90,4
Mitte (Umlenkstifte	60	40,3– 97,8	43,1–100,7	43,5– 98,0
Pos. O (Umlenkstifte)	60	16,0–122,2	17,3–120,8	19,0–119,5
Pos. U (Umlenkstifte)	60	46,2– 82,4	52,0– 86,3	49,1– 89,3

der oberen und unteren Position des Meßkopfes lassen sich noch klarer aufzeigen, wenn in die Mitte des eingespannten Garns ein Gummifaden eingeknotet wird (Abb. 19b), der den weitaus größten Teil der Dehnung aufnimmt. Abb. 21 zeigt die Ergebnisse bei 20 Hz für zwei verschiedene Hubhöhen (3 und 9 mm). Ein Element des oberen Fadenteils beschreibt einen Weg, der etwa dem der Hubklemme entspricht, und ruft damit große Reibungskräfte hervor. Die Verhältnisse liegen hier ähnlich wie bei den Versuchen am Statigraph (Abschnitt 4.1): Bei der Aufwärtsbewegung wird ein gegenüber der durch die mittlere Belastung am Waagebalken und den Hub bestimmten Kraft zu hoher, bei der Abwärtsbewegung ein zu tiefer Wert gemessen. Ein Element des unteren Fadenstückes bleibt dagegen praktisch in Ruhe. An den Umlenkorganen des Meßkopfes entsteht eine Haftreibung, so daß offenbar bereits am oberen Umlenkstift der größte Teil der wirkenden Zugkraft aufgenommen wird. Die Kraftamplituden sind entsprechend zu klein. Es fällt weiterhin auf, daß hier die gemessenen Kraftamplituden bei dem am Waagebalken angebautem Meßkopf gegenüber denen in Abb. 18 bzw. 20 verringert sind. Dies ist ohne weiteres verständlich, da die KL-Kurve von Gummi wesentlich flacher verläuft als die des Polyester-Testmaterials, einem ΔD im ersteren Fall daher ein entsprechend kleineres ΔK zuzuordnen ist.

Wird der Meßkopf mit Rollen bestückt, so entsprechen die Amplituden der Messungen (Abb. 22) in der Position U etwa denen in Position »Meßkopf am Waagebalken«. Die dicht unterhalb der Hubklemme ermittelten Kraftamplituden sind demgegenüber zu groß. Diese Erhöhung dürfte auf die Lagerreibung der Rollen zurückzuführen sein, die einen ähnlichen Einfluß wie die Fadenreibung an Umlenkstiften nimmt. Durch die Beschleunigung des Hubkolbens und damit des Fadens treten weiterhin Kräfte infolge der Massenträgheit der Rollen auf, die aber im entgegengesezten Sinn wirken: Im unteren Totpunkt des Kolbens, d. h. bei weitgehender Entlastung des Fadens, erzeugt die nach oben gerichtete Beschleunigung eine Erhöhung der gemessenen Kraft. Entsprechend entsteht im oberen Totpunkt eine Zugkrafterniedrigung. Demzufolge wäre eine Verkleinerung der Kraftamplituden zu erwarten. Diese Überlegung zeigt, daß die Reibungskräfte offenbar einen größeren Einfluß besitzen als die Beschleunigungskräfte. Die Beträge der Beschleunigungskräfte sind im folgenden abgeschätzt:
Die Beschleunigung b bei 20 Hz und einem Hub von 3 mm ($r = 1,5$ mm) ist an den Totpunkten (vgl. Abschnitt 3.2)

$$b \approx \pm r\omega^2 (1 \pm \lambda) \approx \pm r\omega^2$$
$$\approx \pm 1,5 \cdot 10^{-3} (6,28 \cdot 20)^2$$
$$\approx \pm 24 \text{ m/sec}^2$$

Für ein Umlenkröllchen mit dem Radius R und einer Masse $m = 3$ g, das an seinem Umfang dieselbe Beschleunigung wie der darüber laufende Faden erfahren muß, gilt

$$M = \theta \beta$$

mit

$M =$ Drehmoment

$\theta =$ Trägheitsmoment

$\beta = \dfrac{b}{R} =$ Winkelbeschleunigung

Durch die Beschleunigung des Röllchens entsteht im Faden die Kraft

$$K = \frac{M}{R} = \frac{\theta b}{R^2} = \frac{m R^2 b}{2 R^2} = \frac{m b}{2}$$

$$= 1{,}5 \cdot 24 \frac{g \cdot m}{\sec^2} \approx 3{,}7 \text{ p}$$

Bei der Aufwärtsbeschleunigung des Hubkolbens am unteren Hubumkehrpunkt erhöht sich an jeder Umlenkrolle des Meßkopfes in Pos. 0 die Fadenzugkraft um ca. 3,7 p. Wie leicht einzusehen ist, beträgt der Gesamtfehler 5,6 p. Entsprechend wird bei der Abwärtsbeschleunigung am oberen Hubumkehrpunkt ein um 5,6 p zu kleiner Wert ermittelt.

Zum Vergleich verschiedener Prüfgeräte wurde wieder – wie in Abschnitt 4.1.2 – die jeweils höchste Anzeige innerhalb der Prüfungen mit einem Gerät gleich 1 gesetzt (Abb. 23), so daß sich Relativwerte ergeben. An allen Geräten aus dieser Versuchsreihe waren als Umlenkorgane Stifte angebracht. Die Meßköpfe wurden in der Mitte zwischen Hubklemme und Waagebalken angeordnet. Die Frequenz betrug 20 Hz, der Hub 3 mm. Die Diagramme zeigen, daß zwischen den Geräten bezüglich der Größe und Lage der Kraftamplituden Unterschiede bestehen, die zweifellos nicht auf die Meßsysteme selbst, sondern auf die unterschiedlichen Fadenführungen und die damit verbundenen Reibungseinflüsse zurückzuführen sind.

4.2.3 *Einfluß der Trägheit von Registriergeräten*

In den vorangegangenen Kapiteln war gezeigt worden, daß verschiedene Faktoren bei der Fadenspannungsmessung einen Einfluß auf den Ausfall der Meßergebnisse nehmen. Hierzu gehört neben der Art des Meßsystems insbesondere die Reibung an den Umlenkelementen des Meßkopfes. Ein nicht zu unterschätzender Fehler entsteht weiterhin bei schreibenden Registriergeräten durch eine zu hohe Trägheit. Normale Drehspul- oder Kompensationstintenschreiber erlauben – von Ausnahmen abgesehen – eine Aufzeichnung nur bis zu einer Frequenz von einigen Hz. Darüber liegende Frequenzen werden verfälscht, d. h. mit verkleinerter Amplitude wiedergegeben. Unter diesen Umständen erscheint die Messung und Registrierung von Fadenspannungsschwankungen, bei denen schnelle Fadenzugstöße zu erwarten sind, mit einem trägen Schreiber sehr fragwürdig. Einige Beispiele sollen dies veranschaulichen:

Zur Erzeugung einer periodischen Fadenspannungsänderung wurde der Pulsograph so eingestellt, daß der eingespannte Faden eine Wechselbelastung zwischen einer Kraft $P_1 > 0$ und einer zweiten $P_2 > P_1$ erfuhr. Der Meßkopf war hier am Waagebalken angebaut. Abb. 24 zeigt zwei Diagramme der Zugkraft im Faden, von denen das obere (a) unter Verwendung eines technischen Schnellschreibers (Helcoscriptor), das untere mittels eines Schreibers mit Drehspulsystem aufgenommen wurde.

In dem oberen Diagramm sind die Zugkraftänderungen wegen der hohen Grenzfrequenz des Helcoscriptor korrekt wiedergegeben, während sich im unteren Diagramm nur noch eine geringfügige Schwankung der Anzeige um einen Mittelwert ausprägt. Dies hat zur Folge, daß statt der wirklichen Kraftschwankungen mit Maxima von annähernd 110 p eine gleichmäßige Kraft in der Größe von nur 70 p vorgetäuscht wird. Der Fehler ist noch schwerwiegender, wenn ein Zugkraftverlauf in der in Abb. 25 (a) gezeigten Weise vorliegt. Hierbei verschlappt der Faden während jeder Periode. Statt der Maximalkräfte von 100 p, die tatsächlich auf den Faden einwirken, zeigt der träge Schreiber nur einen Mittelwert von ca. 17 p.

Ergänzend zu diesen Messungen bringen die Abb. 26 und 27 Fadenzugkraft-Diagramme an einer Ringzwirnmaschine, bei der die Spindel gegenüber dem Ring und die Fadenführungsöse gegenüber der Spindelachse verstellt war. Dabei ist aus dem oberen, an einem Oszillograph aufgenommenen Diagramm zu ersehen, daß beim Winden auf die Kegelspitze je zwei Läuferumläufe eine Zugkraftspitze bis zu ca. 100 p auftritt. Beim Winden auf die Kegelbasis sind die Maximalkräfte demgegenüber wesentlich reduziert. Das Diagramm der Abb. 27 wurde mit einem trägen Tintenschreiber und geringem Papiervorschub aufgenommen. Die Kraftmaxima entsprechen hier jeweils dem Winden auf die Kegelspitze, d. h. dem linken Diagramm in Abb. 26, die Minima dem Winden auf die Kegelbasis bzw. dem rechten Diagramm. Daraus ist zu ersehen, daß von dem Tintenschreiber statt der effektiven Maximalkräfte von 100 p nur Kräfte in der Größenordnung von 30 p angezeigt werden. Als Resümee gilt auch für diese Untersuchungen, daß bei Fadenzugmessungen die wirklichen, für die Schädigung des Fadens bzw. die zu erwartende Fadenbruchhäufigkeit maßgebende Kräfte nur mit einer weitgehend trägheitslosen Registriereinrichtung zu erkennen sind.

5. Zusammenfassung

Die in der Textilindustrie und -forschung gebräuchlichen Fadenzugkraft-Meßgeräte lassen sich allgemein in zwei Gruppen einteilen, nämlich in die der einfachen mechanisch arbeitenden Handfadenspannungsmesser, und die der elektronischen Kraftmeßgeräte. Auf Grund ihres einfachen Bauprinzips beschränkt sich die Aufgabe der Handfadenspannungsmesser auf die Bestimmung mittlerer Zugkräfte in einem Faden, während sich mit den elektronischen Geräten auch – je nach Güte des Systems – Kraftschwankungen bis zu Frequenzen von ca. 20 kHz praktisch fehlerlos ermitteln lassen.

Der erste Teil dieser Arbeit beschäftigt sich mit einem Vergleich verschiedener Geräte beider Gruppen bei der Zugkraftmessung an einem mit kleiner konstanter Geschwindigkeit hin- und herbewegten und unter einer konstanten Vorlast stehenden Faden. Die verschiedenen untersuchten Handfadenspannungsmesser zeigten hier Abweichungen von maximal 10% zwischen der bekannten, wirklichen Fadenbelastung und der Anzeige. Nur in einem Fall wurde ein noch größerer Fehler gefunden. Alle Handfadenspannungsmesser waren mit Umlenkrollen ausgerüstet. Die Unterschiede zwischen den Anzeigen bei Hin- und Zurückbewegung des Fadens blieben daher verhältnismäßig klein oder waren nicht meßbar.

Ein anderes Bild ergab sich bei den elektronischen Meßeinrichtungen, sofern der Faden am Meßkopf über Umlenkstifte oder – versuchsweise – blockierte Umlenkrollen geführt wurde. Die gemessenen Abweichungen der Anzeige gegenüber dem Sollwert erreichten maximal 90%. Aus den Messungen ebenso wie aus einer theoretischen Überlegung geht hervor, daß die positive Abweichung infolge der Reibung, d. h. die Zunahme der ermittelten Kraft gegenüber der tatsächlichen, bei der einen Fadenlaufrichtung immer größer als die entsprechende negative Abweichung bei der anderen Richtung ist.

In einer weiteren Untersuchung war das Verhalten der vorliegenden Meßgeräte bei der Ermittlung von Fadenspannungsänderungen bis zu einer Frequenz von 20 Hz zu prüfen. In der dafür aufgebauten Versuchsapparatur konnte ein unter einer konstanten Vorspannung stehender Faden zyklisch be- und entlastet werden. Die mechanischen Systeme erwiesen sich dabei als ungeeignet, da sie auf Grund ihrer Trägheit den Spannungsschwankungen nicht folgen können. Die Amplituden der Zugkraft erscheinen stark verkleinert.

Reibungseinflüsse an den Umlenkorganen der Meßköpfe führten auch hier wieder zu Fehlmessungen der elektronischen Meßeinrichtungen. Die Kraftamplituden werden – je nach Größe der Fadenbewegung am Meßkopf – entweder zu groß oder zu klein wiedergegeben. Auch beim Betrieb mit Umlenkröllchen treten Fehler auf, die sich im wesentlichen auf die Lagerreibung der Röllchen zurückführen lassen.

Versuche mit einem elektronischen Meßgerät in Verbindung mit verschiedenen Registriergeräten zur Messung von hochfrequenten Fadenspannungsschwankungen zeigten weiterhin den Einfluß der Registriergeschwindigkeit: Durch die Verwendung eines trägen Tintenschreibers können Zugkräfte vorgetäuscht werden, die wesentlich unter den tatsächlich wirksamen maximalen Kräften liegen.

Die beschriebenen Untersuchungen führen zu folgenden Schlußfolgerungen:

1. Mechanische Handfadenspannungsmesser eignen sich bei nicht zu hohen Anforderungen an die Genauigkeit zur Bestimmung konstanter Fadenzugkräfte bzw. zur Ermittlung der Mittelwerte rasch schwankender Kräfte.
2. Bei den elektronischen Apparaturen kann der Fehler des eigentlichen Meßsystems, der vom Hersteller angegeben wird, durch die Reibung an den Umlenkorganen der Meßköpfe auf ein Vielfaches gesteigert werden.
3. Zur Messung schneller Fadenspannungsschwankungen ist es u. a. notwendig, Registriergeräte mit hoher Registrierfrequenz zu verwenden, da nur so die kurzzeitig auftretenden Fadenspannungsspitzen fehlerfrei erfaßt werden können.

6. Literaturverzeichnis

[1] Nosek, S., Messen der Kettspannung an Webstühlen. Dt. Textiltechnik **10** (1960), S. 511.
[2] Brunschweiler, D., A. C. Parikh, Yarn tension measurement. J. Textile Inst. **51** (1960), S. P. 63.
[3] Morrow, J. A., J. Text. Inst. **22** (1931), S. T. 425.
[4] Owen, A. E., The tension in a single warp-thread during plain weaving. J. Text. Inst. **19** (1928), S. T. 365.
[5] Stein, F., Einbindungsvorgänge in tuchbindigen Kunstseidengeweben. Dissertation, TH Stuttgart 1926.
[6] Cotterill, E., M. Sc. Tech. Thesis, University of Manchester 1934.
[7] N. Zivy u. Cie, S.A. Basel, Spalenring 164.
[8] Guido Hahn, Fabrik für Meß- und Prüfinstrumente, Grüna (Sachsen).
[9] Suter, A., New Tensiometer. Melliand Text. Mthly (USA) **4** (1932), S. 201.
[10] Murray, J. T., Yarn tension meter. Text. Recorder **50** (1932), S. 47.
[11] Hans Schmidt & Co., 8264 Waldkraiburg (Obb.)
[12] Zellweger AG, Apparate- und Maschinenfabriken, Uster (Schweiz).
[13] Saxl, E. J., Running yarn tension meter: application. Rayon Text. Mthly **28** (1947), S. 539.
[14] Holden, A., A. R. Johannsen, B. Sc. Tech. Assignment Report, University of Manchester 1954.
[15] Glafey, H., Textil-Lexikon, 1937, S. 307.
[16] Barthel, R., H. Hofmann, Fadenzugkraftmessungen in der Webereivorbereitung und Weberei. Dt. Textiltechnik **14** (1964), S. 267.
[17] Reiners, W., Investigations regarding the tension of cotton yarns during pirning and coning. J. Text. Inst. **26** (1935), S. P. 289.
[18] Oertel, F., The measurement of yarn tension on spinning machines. J. Text. Inst. **28** (1937), S. P. 9.
[19] Stein, H., Beobachtungs-, Meß- und Prüfgeräte für die Textilindustrie. Reyon, Zellwolle, Chemiefasern (1956), S. 622, 708, 780, 853.
[20] Stein, H., Schußfadenspannungen beim Weben. Forschungsbericht des Wirtschafts- und Verkehrsministeriums Nordrhein-Westfalen Nr. 379 (1957).
[21] Cremer, J., Elektronische Fadenspannungsmessungen – Möglichkeiten und Erkenntnisse. Textil-Praxis **16** (1961), S. 906.
[22] Riz, O. de, Fadenspannung, ihre Messung und Anwendung in der Verarbeitungstechnik. Melliand Textilber. **37** (1956), S. 1371.
[23] Rothschild, D., Elektronische Fadenspannungs- und Reibungskoeffizienten-Meßgeräte. Textil-Rdsch. **18** (1963), S. 117.
[24] Stein, H., Beobachtung und meßtechnische Erfassung der Vorgänge im Spinn- und Aufwindefeld von Ringspinn- und Ringzwirnmaschinen. Forschungsbericht des Wirtschafts- und Verkehrsministeriums Nordrhein-Westfalen Nr. 378 (1957).
[25] Becker, O., Messung des Fadenzuges beim Ringzwirnen. Mittelwerte und kurze Spitzen. Z. ges. Textilind. **65** (1963), S. 514.
[26] Butler, K. J., W. J. Morris, Electronic yarn tension recording equipment. Silk & Rayon Rec. **29** (1955), S. 60.
[27] Wijngaarden, J. K. van, J. H. Remmers, Elektronischer mit Dehnungsmeßstreifen ausgeführter Fadenspannungsmesser. Rayon Revue (1958), S. 138.
[28] Nistico, F., B. S. Sprague, R. W. Work, A high-speed recording tensiometer. Text. Res. J. **22** (1952), S. 99.
[29] Prang, G., Bestimmung der Fadenspannkraft bei Nähmaschinen. Feingerätetechnik **13** (1964), S. 366.
[30] Bröckel, G., Die Messung des Kett-Spannungsverlaufes in allen Bereichen eines laufenden Webstuhles mit einfachen, selbst herzustellenden Meßgebern. Textil-Praxis **16** (1961), S. 484.

[31] Svoboda, R., R. Backmann, Entwicklung eines piezoelektrischen Fadenzugmessers. Dt. Textiltechnik **12** (1962), S. 604.

[32] Keller, H., Messung der Kettfadenspannung beim Weben. Dissertation, ETH Zürich 1943.

[33] Frenzel, W., S. Miersch, Messungen und Untersuchungen am Webstuhl. Faserforsch. u. Textiltechn. **8** (1957), S. 504.

[34] Frenzel, W., H. Martin, Kettfadenbeanspruchung und Schaftbewegung. Faserforsch. u. Textiltechn. **4** (1953), S. 319.

[35] Bröckel, G., Kettspannungsuntersuchungen in Wollwebereien. Textil-Praxis **17** (1962), S. 237.

[36] Kolesnikow, P. A., Vorrichtung zum Messen der Kettfadenspannung. Faserforsch. u. Textiltechn. **2** (1951), S. 558.

[37] Snowdon, D. C., Some aspects of warp tension. J. Text. Inst. **41** (1950), S. P. 237.

[38] Rohs, W., H. Stein, H. Griese, G. Satlow, B. Fischer, Messungen von Vorgängen am Webstuhl. Forschungsbericht des Wirtschafts- und Verkehrsministeriums Nordrhein-Westfalen Nr. 92 (1954).

[39] Rohs, W., H. Stein, H. Griese, G. Satlow, B. Fischer, Messungen am Webstuhl. Textil-Praxis **9** (1954), S. 841, 934, 1039.

[40] Griese, H., Kettfadenspannungskontrolle beim Weben. Textil-Praxis **7** (1952), S. 438.

[41] Greenwood, K., The lease rod as a tension indicator. Textile Rec. **76** (1959), S. 64.

[42] Thomas, I. H., Behaviour of weft during unwinding from a shuttle. Textile Manufacturer **83** (1957), S. 163.

[43] Malz, K., Fadenspannungsmessungen an Webschützen. Z. ges. Textilind. **58** (1956), S. 237.

[44] Straatmann, J. F., Die Wichtigkeit und der Erfolg von Fadenspannungsmessungen. Textil- und Faserstofftechnik **5** (1955), S. 441.

[45] Griese, H., F. W. Hanings, Schußfadenspannungen beim Weben. Melliand Textilber. **38** (1957), S. 257, 396, 511.

[46] Townsend, M. W. H., Weft tension in weaving. J. Text. Inst. **46** (1955), S. P. 699.

[47] Löbl, W., Messung der Schußfadenspannung mit einer piezoelektrischen Meßeinrichtung. Faserforsch. u. Textiltechn. **8** (1957), S. 500.

[48] Ullrich, E., Über die Schußfadenspannung beim Weben. Melliand Textilber. **20** (1939), S. 489.

[49] Kuhn, F. W., Monatsschrift f. Textilind. **24** (1909), S. 36.

[50] Stein, H., Spinnen und Zwirnen mit reduzierter Fadenspannung. Melliand Textilber. **44** (1963), S. 348, 448.

[51] Schweizer, E., Fadenspannungs- und Läuferreibungsmessungen auf der Ringspinnmaschine und ihre Bedeutung. Mitt. Textilind. **68** (1961), S. 260.

[52] Stein, H., Ermittlung der Fadenspannungen im Spinn- und Aufwindefeld von Ringspinn- und Ringzwirnmaschinen. Textil-Praxis **11** (1956), S. 771.

[53] Stein, H., Einsatz der Hochfrequenz-Kinematographie zur Erforschung des Spinnvorganges. Melliand Textilber. **46** (1965), S. 783.

[54] Walz, F., W. Kamm, Ablauf- und Spannungsverhältnisse an Kreuzspulmaschinen mit hohen Fadengeschwindigkeiten. Melliand Textilber. **37** (1956), S. 383.

[55] Stein, H., H. v. d. Weyden, W. Rohs, H. Griese, Untersuchungen an Spulvorrichtungen in der Leinen- und Halbleinenspulerei. Forschungsbericht des Wirtschafts- und Verkehrsministeriums Nordrhein-Westfalen Nr. 654 (1958).

[56] Stein, H., G. Hoischen, Meßtechnische Untersuchungen an Schlichtmaschinen. Z. ges. Textilind. **62** (1960), S. 1036.

[57] Kalkmann, J. A., The properties of yarn tension brakes, Rayon Revue **7** (1953), S. 54; **8** (1954), S. 54. – The behaviour of yarn tensioners during pirn winding. Rayon Revue **9** (1955), S. 67.

[58] Dyer, R. F., W. G. Fair und R. L. Beard, Some factors influencing yarn tension in warping. Text. Res. J. **22** (1952), S. 487.

[59] QUINTELIER, G., und R. SAELS, Examination of tensioning devices by means of an ultrarapid tensiometer. Ann. Sci. Text. Belges (1955), S. 31.

[60] TOMANEC, L., und Z. SCAMEK, Měření dynamického napětí nití při šití (Messen der dynamischen Fadenspannung beim Nähen). Textil, Praha **17** (1962), S. 107, 150.

[61] STEIN, H., und S. HOBE, Entwicklung eines Verfahrens zur Messung der Fadenspannkräfte bei hochtourigen Industrienähmaschinen. Bekleidung und Wäsche **20** (1968), S. 1465.

[62] STEIN, W., Fadenbrüche an Industrienähmaschinen – Aufzeichnung des Zugkraftverlaufs im Oberfaden unter Verwendung eines Magnetbandgerätes mit endloser Bandschleife. Zeitschr. f. d. ges. Textilind. **70** (1968), S. 875.

[63] FISCHER, C. E. VON MOLLARD, Entwicklung von Verfahren zur Untersuchung der Stichbildung bei Industrie-Schnellnähern für Doppelsteppstich. Dissertation, TH Braunschweig 1966.

[64] GESSNER, W., Kritische Betrachtung der elektrischen Messung schnell veränderlicher mechanischer Größen. Text. Praxis **18** (1963), S. 1181.

[65] STEIN, H., und A. ERKENS, Auswirkung der Aktivierung von Zellwollfasern auf die Bandhaftung und die Gespinstfestigkeit. Zeitschr. f. d. ges. Textilind. **67** (1965), S. 869.

Abbildungsanhang

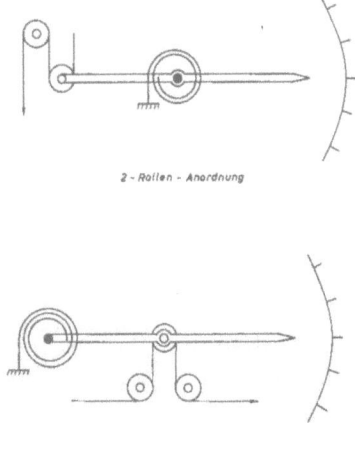

Abb. 1   Mechanische Kraftmeßeinrichtung

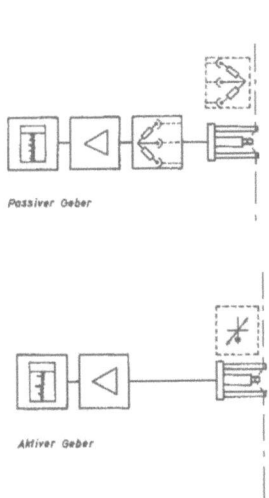

Abb. 2
Elektronische Kraftmeßeinrichtung

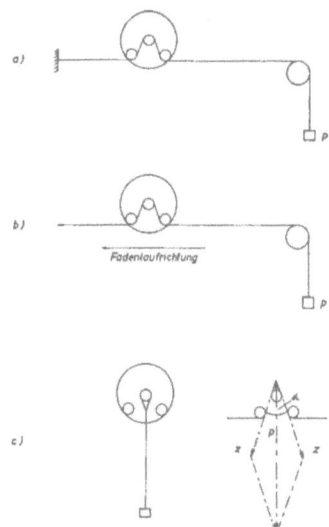

Abb. 3
Eichung einer elektronischen Fadenzugkraft-Meßeinrichtung

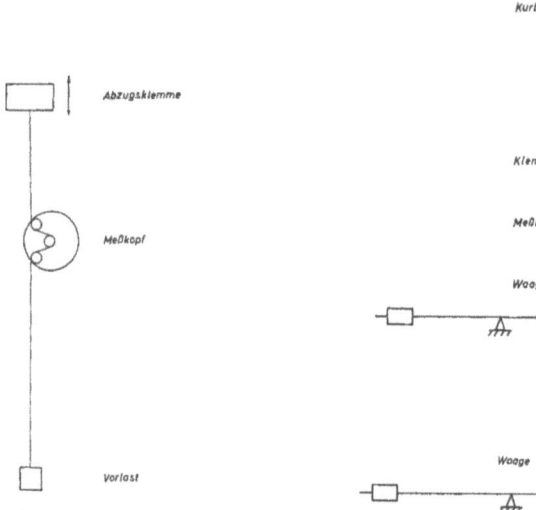

Abb. 4
Vorrichtung zur Bestimmung der Zugkraft in einem mit kleiner Geschwindigkeit bewegten Faden

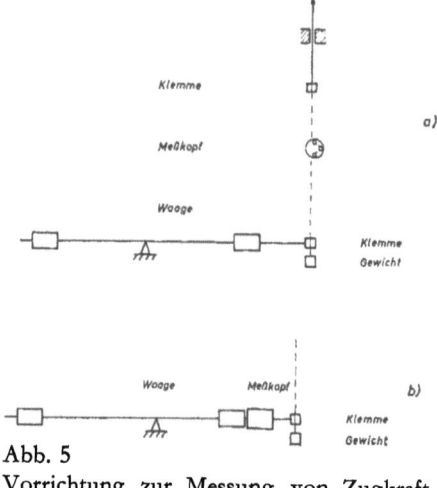

Abb. 5
Vorrichtung zur Messung von Zugkraftschwankungen (Pulsograph)

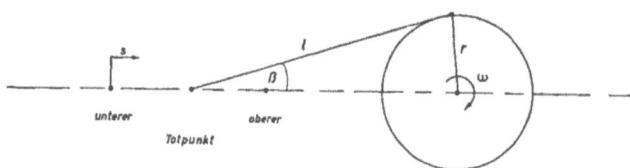

Abb. 6 Kurbeltrieb

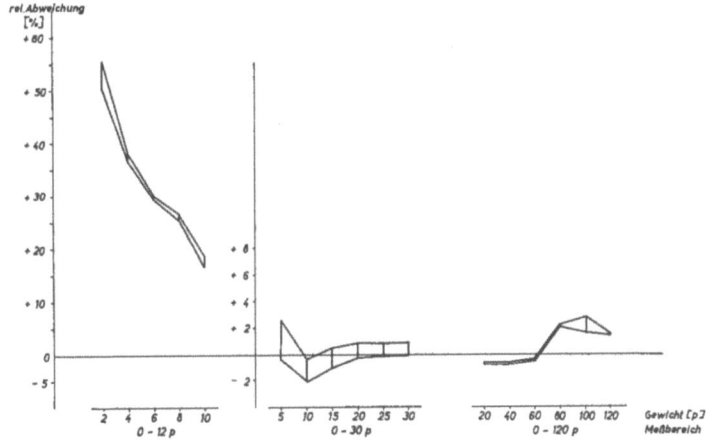

Abb. 7 Zugkraftmessung am langsam bewegten Faden
Zivy-Fadenspannungsmesser

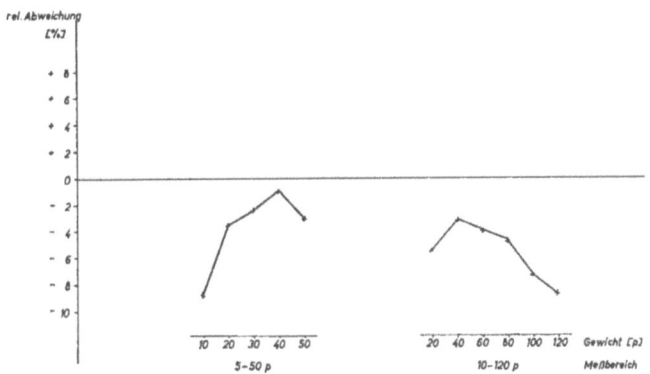

Abb. 8 Zugkraftmessung am langsam bewegten Faden
Schmidt-Fadenspannungsmesser

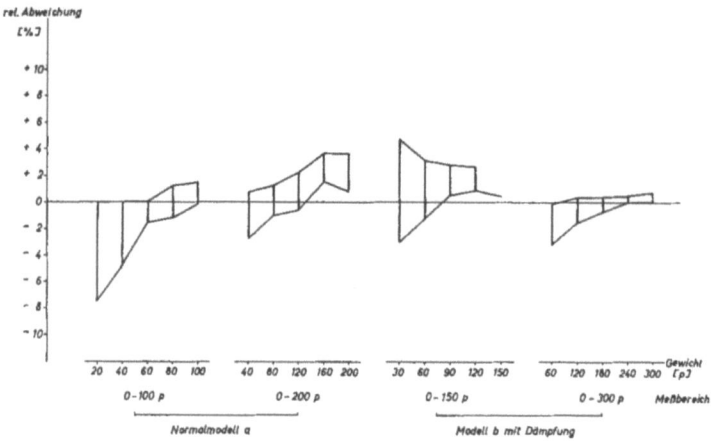

Abb. 9 Zugkraftmessung am langsam bewegten Faden
Zellweger-Fadenspannungsmesser

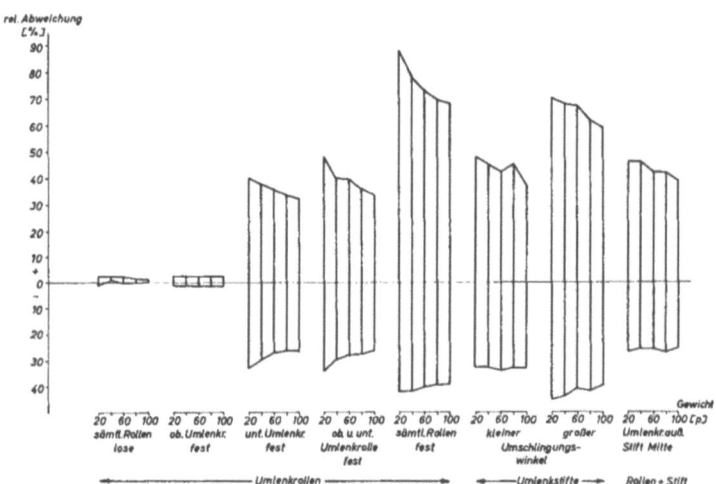

Abb. 10 Zugkraftmessung am langsam bewegten Faden
Elmagraph

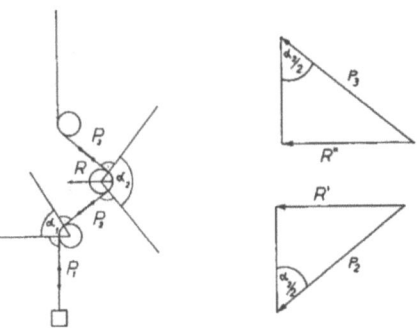

Abb. 11 Fadenführung am Meßkopf

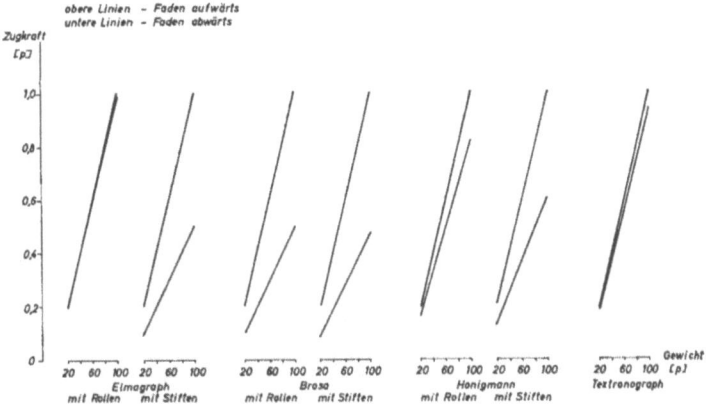

Abb. 12 Zugkraftmessung am langsam bewegten Faden
Verschiedene Meßgeräte

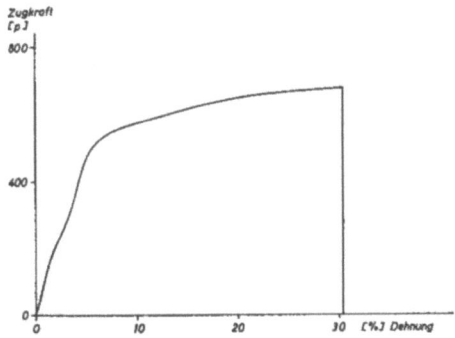

Abb. 13 Kraft-Längenänderungskurve

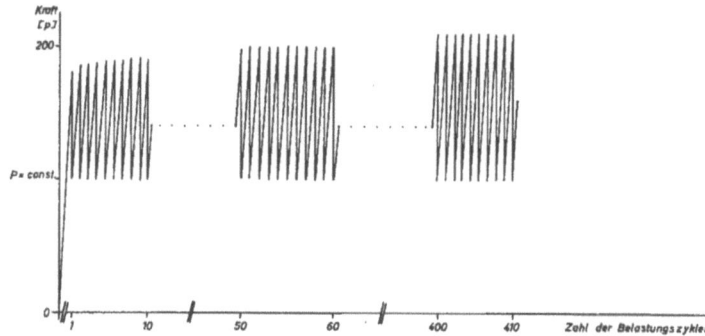

Abb. 14 Wechselbelastung mit konstanter unterer Kraftgrenze und konstanter Dehnungsamplitude

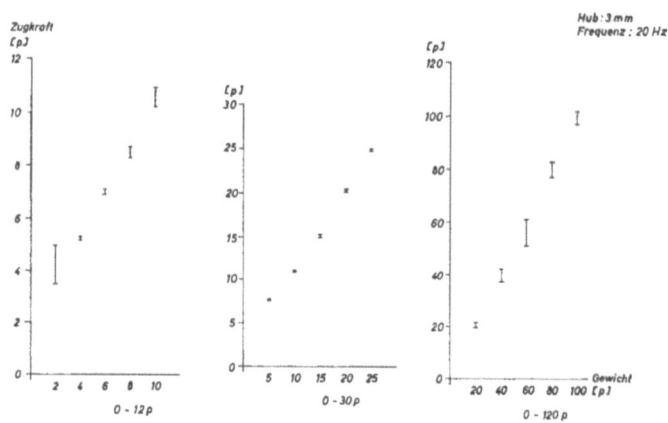

Abb. 15 Messung der Kraftamplituden am Pulsograph Zivy

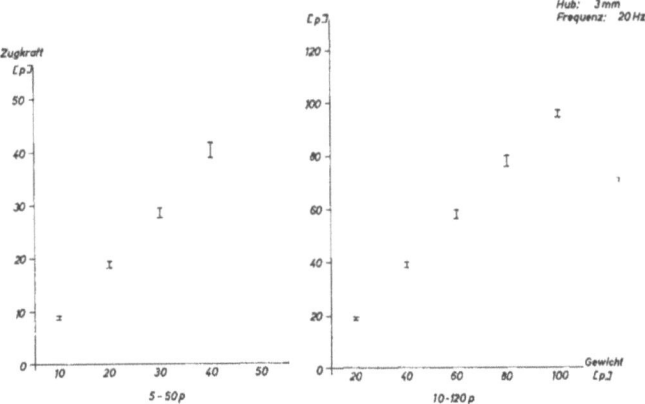

Abb. 16   Messung der Kraftamplituden am Pulsograph
Schmidt

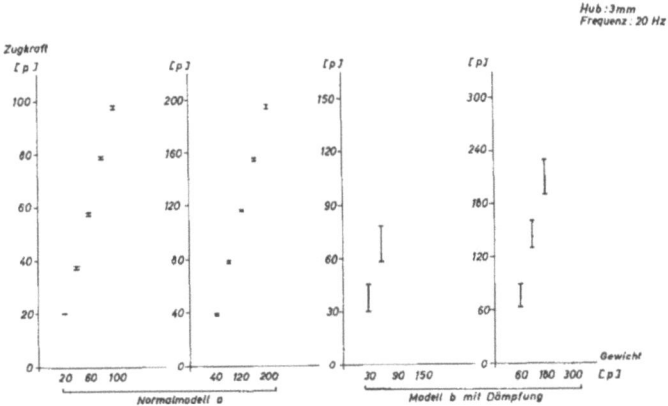

Abb. 17   Messung der Kraftamplituden am Pulsograph
Zellweger

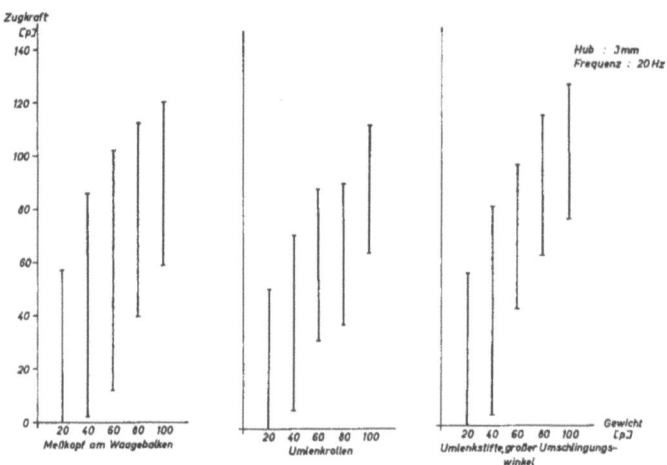

Abb. 18 Messung der Kraftamplituden am Pulsograph Elmagraph

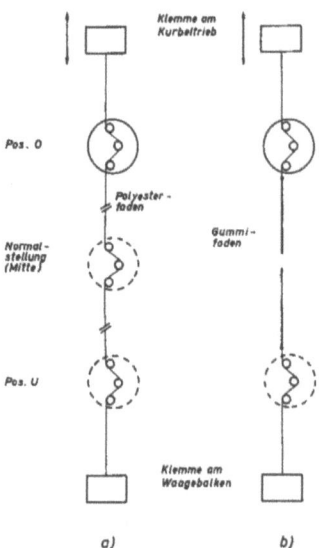

Abb. 19 Anordnung des Meßkopfes

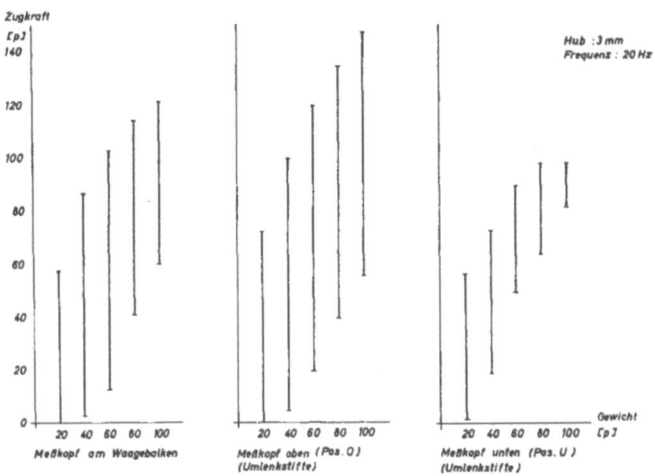

Abb. 20 Messung der Kraftamplituden am Pulsograph
Elmagraph

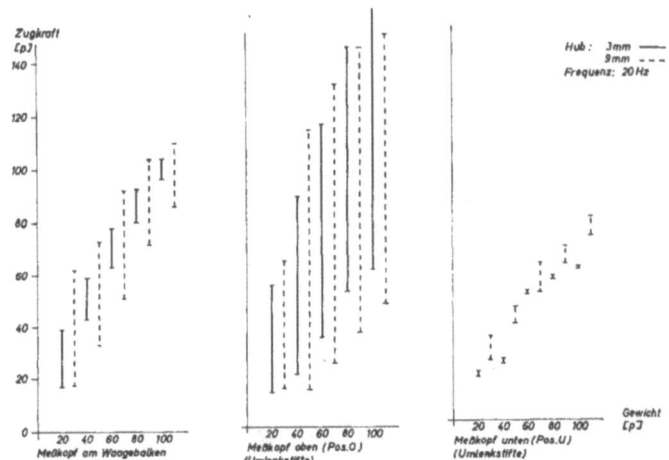

Abb. 21 Messung der Kraftamplituden am Pulsograph mit Gummifaden
Elmagraph

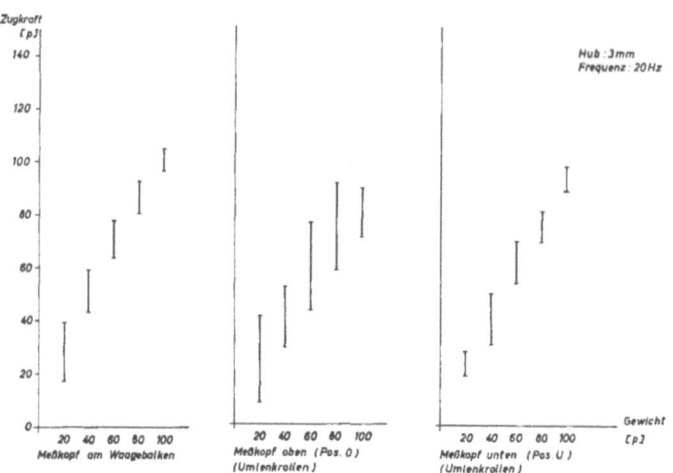

Abb. 22 Messung der Kraftamplituden am Pulsograph mit Gummifaden
Elmagraph

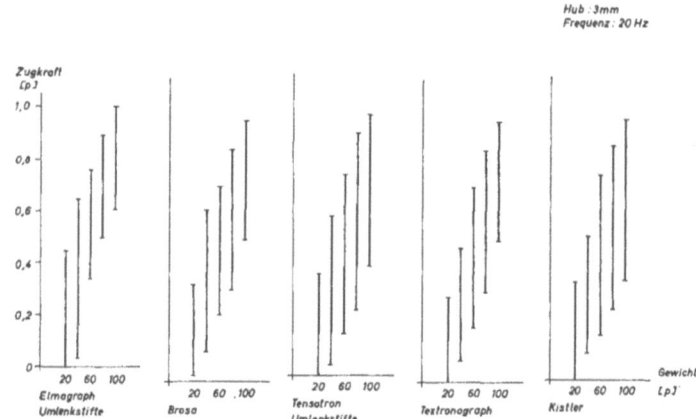

Abb. 23 Messung der Kraftamplituden am Pulsograph
Verschiedene Prüfgeräte

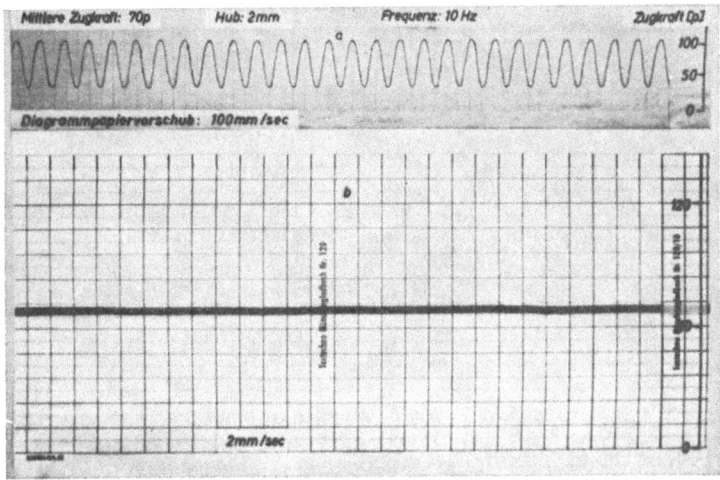

Abb. 24 Wechselbelastung ohne Verschlappen des Fadens

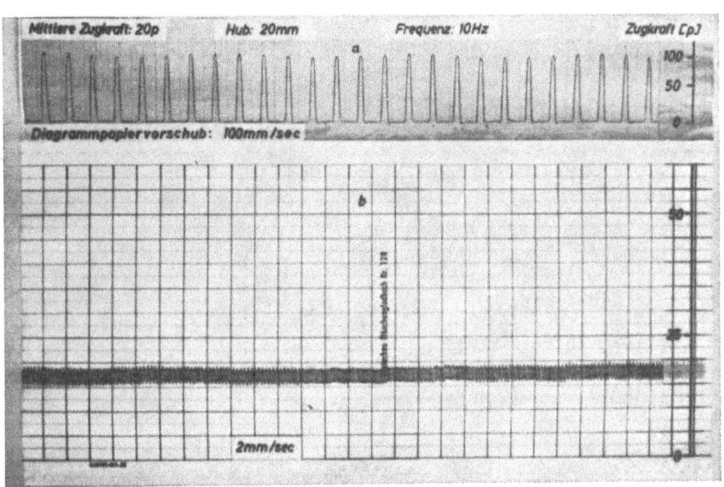

Abb. 25 Wechselbelastung mit Verschlappen des Fadens

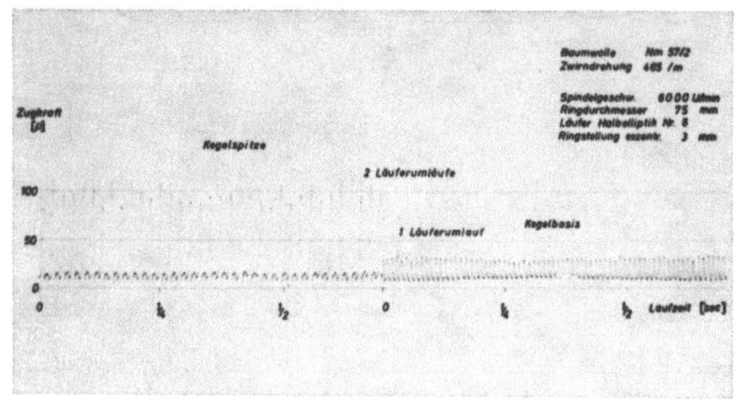

Abb. 26 Fadenzugoszillogramme an der Ringzwirnmaschine aufgenommen
Ringstellung exzentrisch

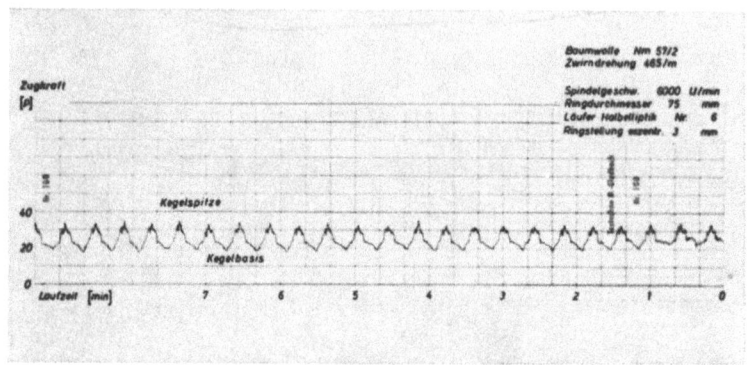

Abb. 27 Mittlere Fadenzugkräfte an der Ringzwirnmaschine aufgenommen
Ringstellung exzentrisch

Forschungsberichte des Landes Nordrhein-Westfalen

Herausgegeben im Auftrage des Ministerpräsidenten Heinz Kühn
von Staatssekretär Professor Dr. h. c. Dr. E. h. Leo Brandt

Sachgruppenverzeichnis

Acetylen · Schweißtechnik
Acetylene · Welding gracitice
Acétylène · Technique du soudage
Acetileno · Técnica de la soldadura
Ацетилен и техника сварки

Arbeitswissenschaft
Labor science
Science du travail
Trabajo científico
Вопросы трудового процесса

Bau · Steine · Erden
Constructure · Construction material ·
Soil research
Construction · Matériaux de construction ·
Recherche souterraine
La construcción · Materiales de construcción ·
Reconocimiento del suelo
Строительство и строительные материалы

Bergbau
Mining
Exploitation des mines
Minería
Горное дело

Biologie
Biology
Biologie
Biologia
Биология

Chemie
Chemistry
Chimie
Quimica
Химия

Druck · Farbe · Papier · Photographie
Printing · Color · Paper · Photography
Imprimerie · Couleur · Papier · Photographie
Artes gráficas · Color · Papel · Fotografía
Типография · Краски · Бумага · Фотография

Eisenverarbeitende Industrie
Metal working industry
Industrie du fer
Industria del hierro
Металлообрабатывающая промышленность

Elektrotechnik · Optik
Electrotechnology · Optics
Electrotechnique · Optique
Electrotécnica · Optica
Электротехника и оптика

Energiewirtschaft
Power economy
Energie
Energía
Энергетическое хозяйство

Fahrzeugbau · Gasmotoren
Vehicle construction · Engines
Construction de véhicules · Moteurs
Construcción de vehículos · Motores
Производство транспортных · Средств

Fertigung
Fabrication
Fabrication
Fabricación
Производство

Funktechnik · Astronomie
Radio engineering · Astronomy
Radiotechnique Astronomie
Radiotécnica · Astronomía
Радиотехника и астрономия

Gaswirtschaft
Gas economy
Gaz
Gas
Газовое хозяйство

Holzbearbeitung
Wood working
Travail du bois
Trabajo de la madera
Деревообработка

Hüttenwesen · Werkstoffkunde
Metallurgy · Materials research
Métallurgie · Materiaux
Metalurgia · Materiales
Металлургия и материаловедение

Kunststoffe
Plastics
Plastiques
Plásticos
Пластмассы

Luftfahrt · Flugwissenschaft
Aeronautics · Aviation
Aéronautique · Aviation
Aeronáutica · Aviación
Авиация

Luftreinhaltung
Air-cleaning
Purification de l'air
Purificación del aire
Очищение воздуха

Maschinenbau
Machinery
Construction mécanique
Construcción de máquinas
Машиностроительство

Mathematik
Mathematics
Mathématiques
Mathemáticas
Математика

Medizin · Pharmakologie
Medicine · Pharmacology
Médecine · Pharmacologie
Medicina · Farmacología
Медицина и фармакология

NE-Metalle
Non-ferrous metal
Metal non ferreux
Metal no ferroso
Цветные металлы

Physik
Physics
Physique
Física
Физика

Rationalisierung
Rationalizing
Rationalisation
Racionalización
Рационализация

Schall · Ultraschall
Sound · Ultrasonics
Son · Ultra-son
Sonido · Ultrasónico
Звук и ультразвук

Schiffahrt
Navigation
Navigation
Navegación
Судоходство

Textilforschung
Textile research
Textiles
Textil
Вопросы текстильной промышленности

Turbinen
Turbines
Turbines
Turbinas
Турбины

Verkehr
Traffic
Trafic
Tráfico
Транспорт

Wirtschaftswissenschaften
Political economy
Economie politique
Ciencias económicas
Экономические науки

Einzelverzeichnis der Sachgruppen bitte anfordern

Westdeutscher Verlag · Köln und Opladen
567 Opladen/Rhld., Ophovener Straße 1–3, Postfach 1620

If you have any concerns about our products,
you can contact us on
ProductSafety@springernature.com

In case Publisher is established outside the EU,
the EU authorized representative is:
**Springer Nature Customer Service Center GmbH
Europaplatz 3, 69115 Heidelberg, Germany**

Printed by Libri Plureos GmbH
in Hamburg, Germany